Dedication

This book is dedicated to my son Noah. My pride in you knows no bounds.   Keep following your own path, be safe, know you are loved and always remember to call your mother!   Oh, and don't punch your sister so hard that she falls off tall buldings!

Tomas the tarsier lived in a big house.

It had tons of branches and vines upon which to rest.

Tomas tarsier yang tinggal di sebuah rumah besar.

Ia memiliki banyak cabang pohon anggur dan di atas yang lain.

Tomas loved his house because when it rained, the house stayed dry. When it was hot, the house stayed cool. When the snakes came slithering in, there were dozens of places to hide. Most importantly, Tomas' family lived in the house with him.

Tomas kepada rumah ini, karena saat hujan sebuah rumah tetap kering. Saat itu sangat panas, rumah itu tidak keren. Pada waktu itu datanglah slithering, ular ada banyak tempat untuk bersembunyi. Yang paling penting, keluarga yang tinggal dalam rumah tersebut tomas bersama-sama dengan dia.

Every night Tomas when searching for his dinner. He preferred going nearby where the corn was growing. The bugs loved the corn. And Tomas loved the bugs.

Setiap malam, tomas dan mencari makan. Dia lebih suka pergi dengan itu di mana jagung tumbuh. Yang disukai serangga jagung. Dan tomas mencintai serangga.

The only problem was Farmer Celsius always chased him and his parents away from the corn fearing that they were eating the crop.

Satu-satunya masalah adalah petani Celsius dia selalu mengejar dan orang tuanya dari jagung, setelah mereka makan tanaman.

One day Farmer Celsius was so mad at constantly having to chase Tomas and his parents from the corn fields that he went to Tomas' house and began chopping it down with a chain saw.

Suatu hari petani Celsius begitu marah pada terus-menerus harus mengejar Tomas dan orang tuanya dari ladang jagung yang ia pergi ke rumah Tomas 'dan mulai memotong ke bawah dengan gergaji.

Tomas and his parents were asleep inside the house, when all of sudden the house started vibrating and shaking. Tomas and his parents quickly leaped out of their house to a nearby tree. From this spot they watched Farmer Celsius cut down their home.

Tomas dan orangtuanya sedang tidur di dalam rumah, ketika semua tiba-tiba rumah mulai bergetar dan gemetar. Tomas dan orang tuanya dengan cepat melompat keluar dari rumah mereka ke pohon terdekat. Dari tempat ini mereka menyaksikan Farmer Celsius ditebang rumah mereka.

As their home fell to the ground, Tomas asked his parents where they would now live. His mom replied, now we must travel to Uncle Bobbi's house on the other side of the river until we can find a new home.

Sebagai rumah mereka jatuh ke tanah, Tomas meminta orang tuanya di mana mereka sekarang akan hidup. Ibunya menjawab, sekarang kita harus pergi ke rumah Paman Bobbi di sisi lain sungai sampai kita dapat menemukan rumah baru.

That evening, Celsius went to the garden and no tarsiers were disturbing his corn. He continued to vigilantly watch his corn crop grow.

Malam itu, Celsius pergi ke taman dan tidak ada tarsius yang mengganggu jagung nya. Dia terus waspada mengawasi tanaman jagungnya tumbuh.

Soon, he was able to harvest the corn. But as the women began husking the corn, they found that bugs had eaten most of the kernels. They opened one corn cob after another and found that bugs had eaten the kernels in each cob.

Segera, ia mampu memanen. Tapi sebagai perempuan mulai pengupasan jagung, mereka menemukan bahwa bug telah dimakan sebagian besar kernel. Mereka membuka satu tongkol jagung demi satu dan menemukan bahwa bug makan kernel di setiap tongkol.

Farmer Celsius was desolate. He did not know how he was going to eat or how he was going to feed his family.

Farmer Celsius sudah tandus. Dia tidak tahu bagaimana dia akan makan atau bagaimana dia akan memberi makan keluarganya.

He went to the minister and told him his tale of woe asking why god would do this to him? The minister then asked him if he had done anything to deserve such treatment. At first Celsius said no, nothing...but then he remembered Tomas and his family.

Ia pergi ke menteri dan mengatakan kepadanya kisah tentang celakalah bertanya mengapa Tuhan akan melakukan ini padanya? Menteri kemudian bertanya apakah dia telah melakukan sesuatu untuk layak pengobatan tersebut. Pada awalnya Celsius mengatakan tidak, tidak ada ... tapi kemudian ia ingat Tomas dan keluarganya.

He told the minister how he destroyed Tomas home. The minister then suggested that Celsius do something to try and fix the problems he created. So Celsius went home and thought for a good long while.

Dia mengatakan kepada menteri bagaimana ia menghancurkan Tomas rumah. Menteri kemudian menyarankan bahwa Celsius melakukan sesuatu untuk mencoba dan memperbaiki masalah yang ia ciptakan.Jadi Celsius pulang dan berpikir untuk waktu yang lama yang baik.

He went to his garden and began planting trees interspersed with corn. Soon, the trees and the corn began growing side by side.

la pergi ke kebunnya dan mulai menanam pohon diselingi dengan jagung. Segera, pohon-pohon dan jagung mulai tumbuh sisi samping.

Tomas and his family heard that there were now many new trees in the area where they used to live. So Tomas and his parents travelled to their old neighborhood in search of a new home. Eventually, they found a nice home within the corn and tree garden build by farmer Celsius.

Tomas dan keluarganya mendengar bahwa sekarang ada banyak pohon baru di daerah di mana mereka dulu tinggal. Jadi Tomas dan orang tuanya pergi ke lingkungan lama mereka mencari rumah baru. Akhirnya, mereka menemukan rumah yang bagus dalam jagung dan taman pohon dibangun oleh Celsius petani.

Farmer Celsius began to understand that the tarsiers saved his corn by eating the bugs and they were not eating his corn. Celsius began to protect the tree that the Tomas and his family lived in while Tomas and his parents protected the corn from the evil bugs.

Farmer Celsius mulai memahami bahwa tarsius disimpan jagung nya dengan makan bug dan mereka tidak makan jagung nya. Celsius mulai melindungi pohon bahwa Tomas dan keluarganya tinggal sementara Tomas dan orangtuanya dilindungi jagung dari bug jahat.

The End

Selesai